石油石化企业劳动防护用品系列口袋书

呼吸、眼面部及听力防护

中国石油化工集团有限公司安全监管局
中国石油化工集团有限公司劳动防护用品检测中心
组织编写

中国石化出版社

内 容 提 要

本书是《石油石化企业劳动防护用品系列口袋书》丛书之一，采用漫画与文字相结合的形式对石油石化企业常见的呼吸、眼面部及听力防护危害因素特点、主要防护用品及其使用维护保养等知识进行阐述，图文并茂，适合作为石油石化企业一线员工培训教材。

图书在版编目（CIP）数据

石油石化企业劳动防护用品系列口袋书．呼吸、眼面部及听力防护 / 中国石油化工集团有限公司安全监管局，中国石油化工集团有限公司劳动防护用品检测中心组织编写．—北京：中国石化出版社，2019.7

ISBN 978-7-5114-5400-3

Ⅰ．①石… Ⅱ．①中… ②中… Ⅲ．①石油企业－呼吸防护－个体保护用品②石油企业－头部－个体保护用品③石油企业－听力保护－个体保护用品 Ⅳ．① X924.4

中国版本图书馆 CIP 数据核字 (2019) 第 128962 号

中国石化出版社出版发行

地址：北京市朝阳区吉市口路 9 号
邮编：100020　电话：(010) 59964500
读者服务部电话：(010) 59964526
http://www.sinopec-press.com
E-mail:press@sinopec.com
北京富泰印刷有限责任公司印刷
全国各地新华书店经销

*

787 × 1092 毫米 32 开本 3 印张 45 千字
2019 年 7 月第 1 版　2019 年 7 月第 1 次印刷
定价：30.00 元

《石油石化企业劳动防护用品系列口袋书》

编　委　会

《呼吸、眼面部及听力防护》编委会

主　　编：王晓宇　杨　雷

副 主 编：于新民　盛　华

编写人员：王晓宇　杨　雷　于新民　盛　华
刘灵灵　李　艳　姚　磊　刘桂法
付　文　孙丙运　郎　宝　孙民笃
王立斌　隋　聪　张　峻　单国良
解用明　李淑霞　胡馨云　范　荣

序

劳动是整个人类生活的第一个基本条件，它既是人类社会从自然界独立出来的基础，又是人类社会区别于自然界的标志。由于安全是人的最基本的生理需求，所以自生产劳动之始，劳动保护措施和劳动防护用品就应运而生，这是古代劳动人民对生产劳动中无数次血的教训的总结。我国在西周至西汉时期采矿和炼铜业已相当发达，在巷道支护、矿石运输、通风、排水等各个方面都采取了安全措施，如采用了框架式支护技术防止冒顶片帮。北宋建筑学家喻皓主持建造 11 层的汴京开宝寺塔时，每一层都设置一帷幕，起到了安全网的作用。第一次工业革命以后，广泛的生产机械化对劳动保护提出了更高要求，而我国这一时期的劳动保护工作随着社会整体生产水平一起远远落后于西方国家。

改革开放以来，我国社会生产力不断快速发展，劳动保护工作愈来愈得到重视，伴随而来的是市场上劳动防护用品种类、性能、质量、舒适性等都在飞速进步。不管是国际知名品牌的劳动防护用品，还是我国自主品牌的劳动防护用品，为最大程度发挥保护作用，都针对员工的具体工作环境，向着所需防护功能集合化、智能化发展。这就对员工选择、使用、维护保养防护用品提出了更高要求。目前，我国劳动保护工作与世界发达国家存在差距，很重要的一部分就是对员工的基础培训不到位，能够正确选择、使用、维护保养防护用品的员工在全部劳动者中占比偏低，这成为了劳动保护工作的短板。

石油石化行业危险性高，危害因素复杂，是需要落实劳动保护工作的重点领域。鉴于此，中国石油化工集团有限公司安全监管局会同劳动防护用品检测中心组织人员编写了《石油石化企业劳动防护用品系列口袋书》。本系列口袋书按照劳动防护用品的分类进行编写，对目前员工常用的劳动防护用品的相关知识进行描述，主要包括劳动防护用品的选用原则、正确使用方法、维护保养方法、使用周期、相关标准以及具体案例，并配以简单易懂的图片，方便劳动者理解和使用。

希望本系列口袋书能够为石油石化行业劳动者合理选择使用劳动防护用品提供指导和帮助，更好地保护劳动者的生命安全和健康。

前言

在石油石化企业中，员工不管是从事上游的石油与天然气勘探开发、开采、管输、销售等工作，还是下游的石油炼制、石油化工、化纤、化肥等工作，涉及岗位多，现场作业环境恶劣，导致职工工作面临众多呼吸、眼面部及听力危害因素，如H_2S中毒、眼面部化学物质的伤害、高温伤害、噪声伤害等。一旦发生事故，极易造成人员受伤甚至死亡，因此在作业过程中，员工必须掌握呼吸、眼面部及听力防护用品的分类、组成、使用、维护保养方法等知识，切实做好呼吸、眼面部及听力防护工作，避免事故发生。

鉴于此，为了让员工掌握石油石化企业存在哪些呼吸、眼面部及听力职业危害，本书就如下问题进行了详细描述。

- 呼吸、眼面部及听力防护用品是如何分类的？
- 如何选用不同类别的呼吸、眼面部及听力防护用品？
- 如何正确佩戴使用呼吸、眼面部及听力防护用品？
- 呼吸、眼面部及听力防护用品的维护保养及存放应注意哪些事项？

目 录

第一部分 呼吸防护

第二部分 眼面部防护

第三部分　听力防护

第一部分

呼吸防护

1 危害因素

对石油石化企业员工的呼吸系统造成危害的物质主要有苯及苯系化合物、一氧化碳、硫化氢、二氧化硫、氮氧化物、氯化物、粉尘等，存在于：油田企业中的采油采气工、化验工、爆炸工等；炼化企业中的炼油操作工、化工操作工；销售企业中的 LNG 站操作工等众多岗位中。见图 1-1。

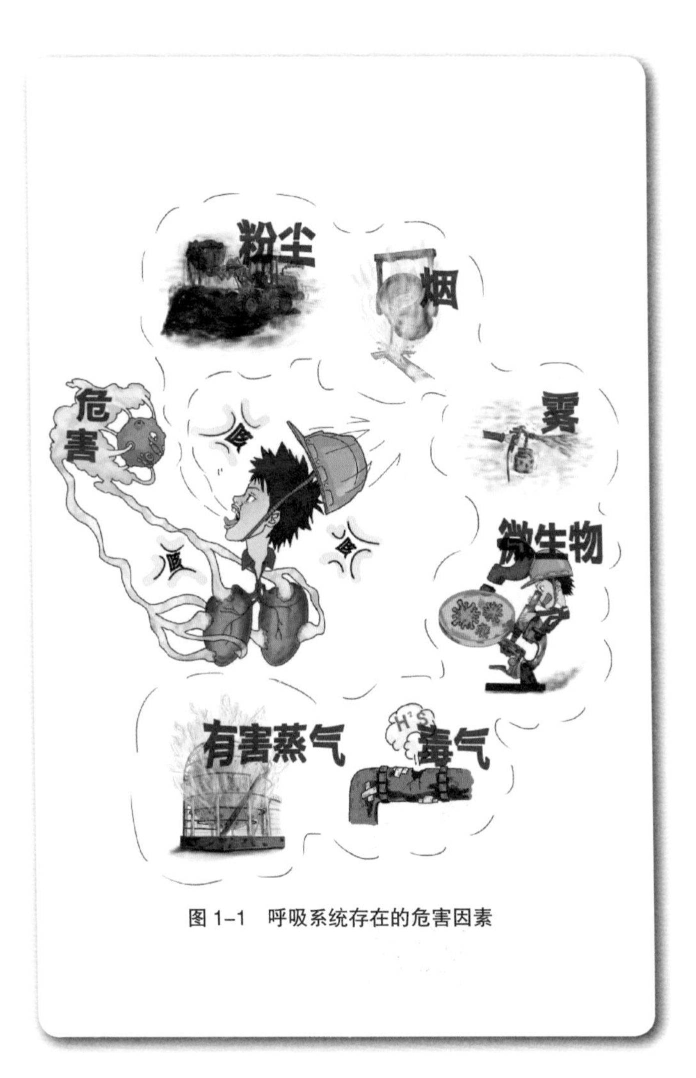

图 1-1　呼吸系统存在的危害因素

对呼吸系统产生危害的物质有颗粒物和有毒有害气体两大类，具体如下：

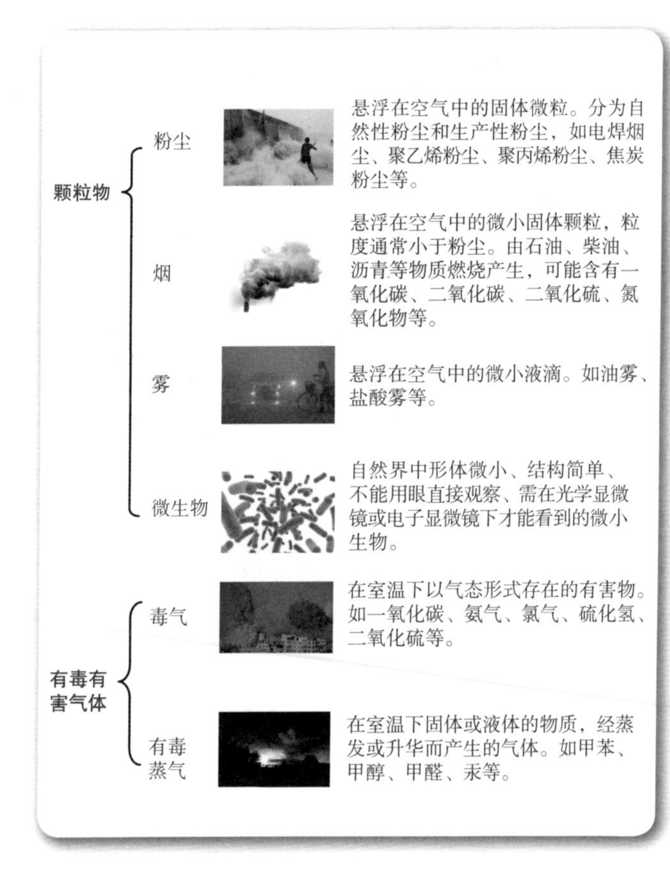

石油石化企业常见的有毒有害气体伤害机理见表 1–1。

表 1–1　有毒有害气体的伤害机理一览表

石油石化企业常见的有毒有害气体	伤害机理
苯、苯系化合物等	能在神经系统和骨髓内蓄积，使神经系统和造血组织受到损害，引起血液中白血球、血小板数减少，长期接触可引起白血病
一氧化碳、硫化氢等	这类气体影响人体对氧气的吸收，会稀释人体获得的氧气，从而对人体带来窒息性影响
二氧化硫等	进入呼吸道后迅速与黏膜上的水分结合形成亚硫酸，具有腐蚀性和刺激性，可引起肺水肿、窒息、昏迷甚至死亡
氮氧化物等	与人体内的水分结合后形成亚硝酸、硝酸，产生强烈的刺激和腐蚀作用；亚硝酸盐与血红蛋白结合，引起组织缺氧
四氯化碳等	这类气体能通过血液进入人体的各个器官，造成各类伤害
氨气、氯气等	对鼻腔和上呼吸道带来刺激性危害，如鼻炎
三氯甲烷、三氯乙烯等	这类气体能部分或者全部麻醉人体的中枢神经，从而使人昏迷或者死亡
粉尘	在肺内滞留，引起以肺组织弥漫性纤维化为主的全身性疾病

2

呼吸防护用品的分类与选择

1. 呼吸防护用品的分类

呼吸防护用品主要分为过滤式和供气式两大类（表1–2）。前者采用过滤件将环境空气进行净化，吸附过滤空气中的颗粒物或气状物。后者不依靠环境空气进行呼吸，而是使用相应气瓶或通过长管连接到外部气源。

表 1–2　呼吸防护用品分类

过滤式		供气式
半面型	抛弃型口罩	供气式长管系统
	低维护型口罩	
	半面罩	
全面型		自给式正压空气呼吸器（SCBA）
电动送风呼吸器		

2. 呼吸防护用品的选择

（1）相关知识

★ 我们应该如何选择呼吸防护用品？

应根据有害物质的浓度选择呼吸防护用品！

★ 有害物浓度为“0”时，呼吸防护用品应该如何选择？

安全环境下可以采取低等级防护用品或不防护。

★ “IDLH 环境”下应如何选择？

IDLH，英文全称 Immediately Dangerous to Life or Health concentration（立即威胁生命和健康浓度）。IDLH 是指有害环境中空气污染物浓度达到某种危险水平，如可致命、可永久损害健康或可使人立即丧失逃生能力。

IDLH 环境大致包含作业环境缺氧或者缺氧未知、有毒有害物质性质未知、有害物质浓度达到 IDLH 浓度三类。如作业人员没有佩戴合适的呼吸防护用品，则导致作业人员呼吸道受伤或者死亡等后果。

IDLH 环境下必须使用供气式呼吸防护用品！

★ “非 IDLH 环境”下应如何选择?

非 IDLH 环境下选择过滤式或防护等级更高的呼吸防护用品!

★ 对于颗粒物类有害物应如何选择呢?

应选择滤棉或防尘口罩进行防护。

(2)选择的一般原则

①在没有防护的情况下，任何人都不应暴露在能够或可能危害健康的空气环境中;

②应根据国家有关的职业卫生标准，对作业中的空气环境进行评价，识别有害环境性质，判定危害程度;

③应首先考虑采取工程措施控制有害环境的可能性，若工程控制措施因各种原因无法实施，或无法完全消除有害环境，以及在工程控制措施未生效期间，应根据相关规定选择合适的呼吸防护用品;

④应选择国家认可的、符合标准要求的呼吸防护用品;

⑤选择呼吸防护用品时也应参照使用说明书的技术规定，符合其使用条件。

（3）呼吸防护用品的选择程序（图 1–2）

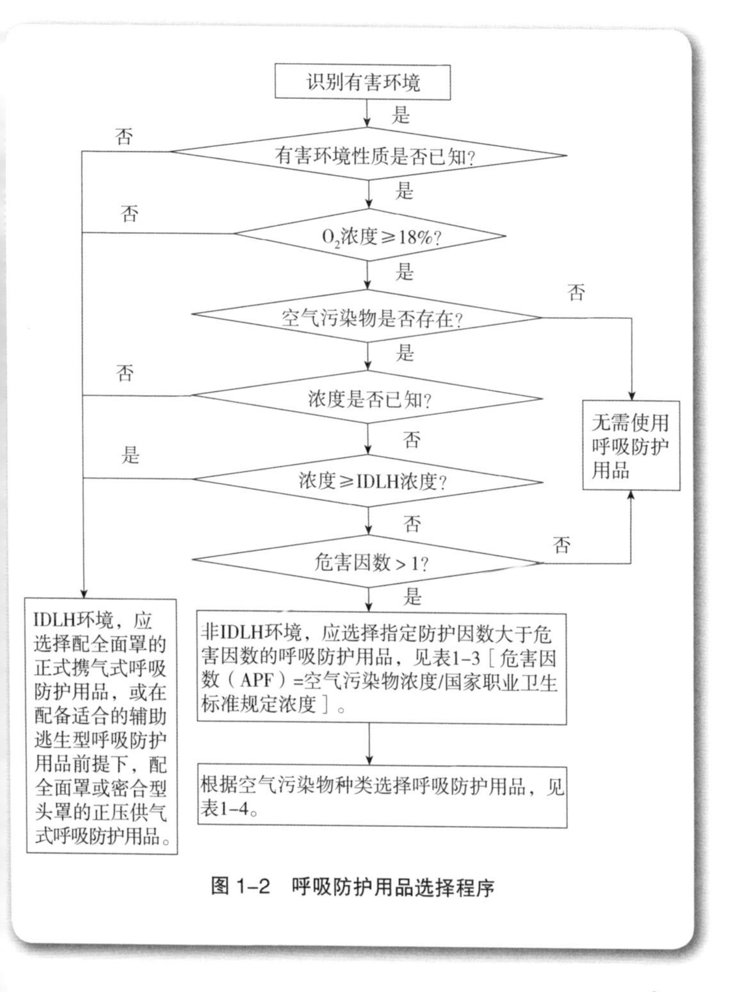

图 1–2　呼吸防护用品选择程序

表 1–3　各类呼吸防护用品的 APF

呼吸防护用品类型	面罩类型	正压式	负压式
自吸过滤式	半面罩	不适用	10
	全面罩		100
送风过滤式	半面罩	50	不适用
	全面罩	＞200～＜1000	
	开放型面罩	25	
	送气头罩	＞200～＜1000	
供气式	半面罩	50	10
	全面罩	1000	100
	开放型面罩	25	不适用
	送气头罩	1000	
携气式	半面罩	＞1000	10
	全面罩		100

表 1-4　有害环境下呼吸防护用品的类型选择

有害环境			适用的呼吸防护用品种类																							
			隔绝式									过滤式														
			携气式				供气式					送风过滤式									自吸过滤式					
			正压式		负压式		正压式			负压式		防毒			防尘			防尘防毒			防毒		防尘		防尘防毒	
			H	F	H	F	H	T	L	H	F	H	T	L	H	T	L	H	T	L	H	F	H	F	H	F
氧气浓度未知				√																						
缺氧：氧气浓度 < 18%				√																						
空气污染物和浓度未知				√																						
不缺氧且空气污染物浓度已知	IDLH 环境			√				⊙																		
	空气污染物为有毒气体和蒸气	危害因数 < 10	√	√	√	√	√	√	√	√	√	√	√	√				√	√	√	√	√			√	√
		< 25	√	√		√	√	√	√		√	√	√	√				√	√	√		√				√
		< 50	√	√		√	√	√			√	√	√					√	√			√				√
		< 100	√	√		√		√			√		√						√			√				√
		< 1000	√	√				√					√						√							
		> 1000	√	√																						
	空气污染物为颗粒物	< 10	√	√	√	√	√	√	√	√	√				√	√	√	√	√	√			√	√	√	√
		< 25	√	√		√	√	√	√		√				√	√	√	√	√	√				√		√
		< 50	√	√		√	√	√			√				√	√		√	√					√		√
		< 100	√	√		√		√			√					√			√					√		√
		< 1000	√	√				√								√			√							
		> 1000	√	√																						
	空气污染物为有毒气体、蒸气和颗粒物	< 10	√	√	√	√	√	√	√	√	√							√	√	√					√	√
		< 25	√	√		√	√	√	√		√							√	√	√						√
		< 50	√	√		√	√	√			√							√	√							√
		< 100	√	√		√		√			√								√							√
		< 1000	√	√				√											√							
		> 1000	√	√																						

注 1：√标识允许选用；⊙表示应在配备相应的辅助逃生型呼吸防护用品的前提下使用。
注 2：H 表示半面罩；F 表示全面罩；T 表示全面罩和送气头罩；L 表示开放型面罩。

3. 不同呼吸防护用品的特点（表 1–5）

表 1–5　不同呼吸防护用品的特点

产品种类	佩戴舒适度要求	满足舒适度要求的产品
口罩	符合中国人脸型：贴合度高，泄漏小，不会压迫局部	
	呼气阀：使呼出的湿热废气迅速顺畅地排出，口罩内部更干燥凉爽	
	头带：稳定，在活动中不易滑落；不易被拉断 带活性炭：过滤难闻的气味	
半面罩&全面罩	符合中国人脸型：贴合度高，泄漏小，不会压迫局部	
	材料柔软舒适，不会引起皮肤不适或过敏	
	对视线影响小，全面罩面屏视觉失真度低	
	吸气阀：孔径大，吸气阻力小，呼吸顺畅	
	组件较少，拆卸、清洗、保养方便	
	头带可折叠，易于保存	

呼吸防护用品的佩戴与使用

1. 口罩的佩戴

第 1 步：单手轻握口罩，鼻夹朝上，使两根头带在手背面。

第 2 步：将口罩罩住口鼻，另一只手拉起下部头带。

第 3 步：扶稳口罩，将下部头带拉到颈后耳朵下。

第 4 步：扶稳口罩，另一只手拉起上部头带。

第 5 步：将上部头带拉到头后上方、耳朵上方。

第 6 步：调整鼻夹，使其尽量贴合鼻型；调节头带到松紧均匀。

每次佩戴必须做气密性检测：

★ 将双手轻放在口罩上，不要改变口罩的位置。

★ 用力吸气，口罩内部应能感觉到轻微塌陷；用力呼气，口罩内部应能感觉到轻微膨胀。

★ 若发现口罩周围与面部贴合部位有气流漏出，应调节口罩位置、鼻夹和头带，直至不漏气为止。

2. 半面罩的佩戴

第 1 步：戴前准备。

戴前检查面罩裙边、密封区、头带、吸气阀门和呼气阀门是否有划伤、凹痕、小孔、裂纹、缺口以及因老化、受热或者污染而变形，充分放松头带与颈带，第一次使用的滤盒标注启用时间。

第 2 步：佩戴。

将半面罩的口鼻罩罩住口鼻，头带顺前额拉过头顶，扣置于头顶后上方。

第 3 步：头带调节。

颈带分别绕过颈部，扣住搭扣；两手同时拉动面具上方的头带调节带，调整头带松紧度；颈带调节带在颈后，调整方式与头带相同。

第 4 步：颈带调节。

调节头带、颈带的松紧，使半面具与面部密合良好，如果带子过紧可将带子上的塑料紧固片往外推即可放松带子。

3. 全面罩的佩戴

第 1 步：充分放松头带，将所有头带翻到面罩顶部上方。

第 2 步：一只手将额头头发向后推，另一只手将面罩罩在脸部，内部口鼻罩罩住嘴巴和鼻子。

第 3 步：扶稳面罩，另一只手将头带的中心位置往后拉到头后上方，侧面两根头带分别位于耳朵上方和下方。

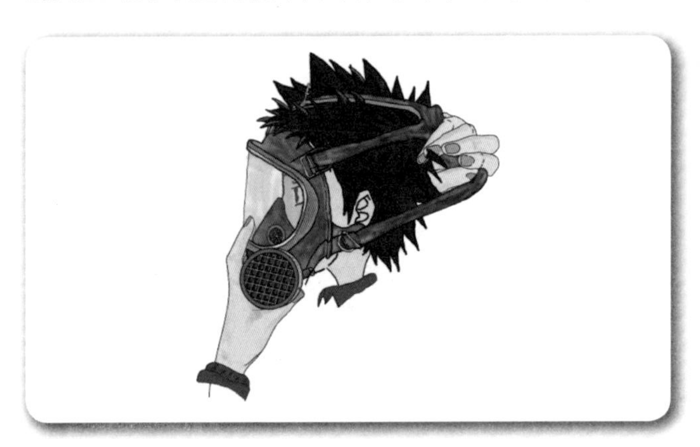

第 4 步：顺次拉紧下部、鬓角部、顶部头带，使面罩直接贴紧面部皮肤。

4. 半面罩、全面罩气密性检测

第 1 步：正压气密性检查。

手掌捂住呼气阀出口，缓慢呼气，面罩能轻微鼓起，且面部与面罩贴合部位不漏气为正常。

第 2 步：负压气密性检查。

手掌捂住滤盒（滤罐）进气口，吸气，面罩能保持轻微塌陷，且贴合部位不漏气为正常。

5. 自吸式长管呼吸器的佩戴

（1）使用前检查各部件是否完好干净，导气管是否有龟裂、气泡、压扁、弯折、漏气，连接部位是否牢固紧密；

（2）检查面罩气密性，见第7条长管呼吸器气密性检测；

（3）将面罩上的螺纹接口与导气管的螺纹接口对接旋转，直至拧紧无缝无松动；

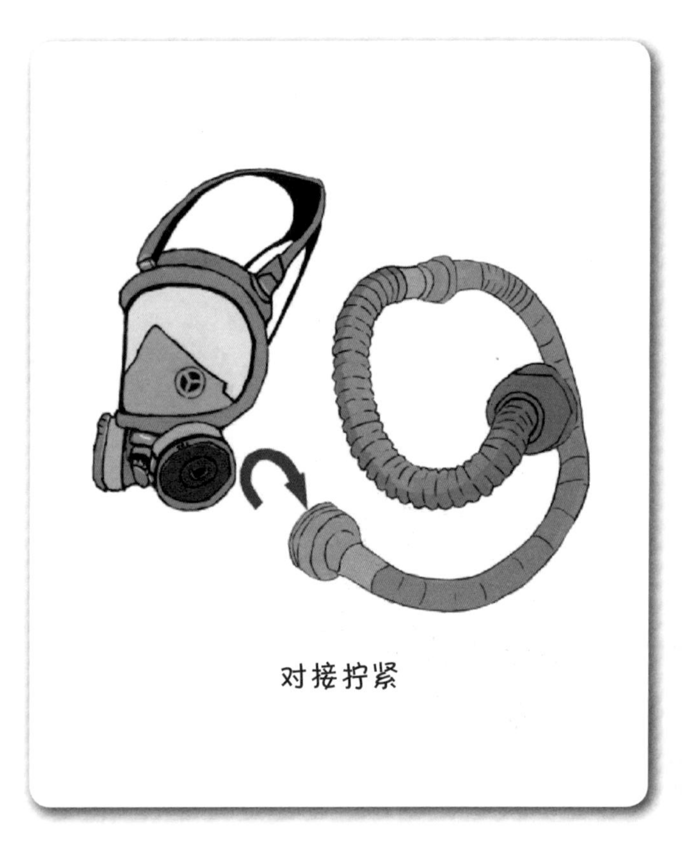
对接拧紧

（4）佩戴面罩，导气管可用绳索固定在腰上，并检查活动是否自如；

（5）进行深呼吸，感觉呼吸是否顺畅，把导气管没有连接面罩的一段放置在安全、新鲜空气处，并要固定好；

（6）经检查无误，在专人监护下，方可进入作业现场。

6. 电动送风式长管呼吸器的佩戴

（1）接通电源后，观察运转是否有异常现象，检查管路和接头是否有漏气现象，一切正常后方可运行；

（2）报警信号检查方法：接通电源，打开电源开关后，拔出电源插头应发出报警声响；不外接电源，打开电源开关，应发出报警声响；

（3）着装并带上面罩，检测面罩气密性，试呼吸正常后，方可进入作业区；

（4）作业完毕后，应回到正常空气环境中取下面罩后再关闭电源。

7. 长管呼吸器气密性检测

戴好面罩，把手掌后部压在呼吸阀盖上，使其完全不透气，呼气使面罩内压力增强，如面罩漏气，则感觉不到面罩内压力增强，此时应调整束带使面罩紧贴脸部，或检查吸气阀是否正常。

8. 正压式空气呼吸器的佩戴和使用

详见本丛书其他相关分册。

4

呼吸防护用品的维护与保养

1. 存放与保养

（1）使用前检查面罩各零部件的状况，更换损坏部件。

（2）定期检查滤盒，必要时进行更换。

注：滤盒的使用时间取决于使用环境中污染物质的浓度、使用者的呼吸频率等诸多因素，当感觉到有异味、呼吸困难等情况时，应立即更换滤盒。

（3）呼吸防护用品应保存在清洁、干燥、无油污、无阳光直射和无腐蚀性气体的地方。若不经常使用，建议将呼吸防护产品放入密封袋内储存，储存时应避免面罩变形。

（4）预过滤棉的更换。更换预过滤棉时，应将预过滤棉放入滤棉盖内，确保有字的一面朝外（请按照说明书要求操作），边缘对齐；将滤棉盖盖在滤盒上，用力压紧确保完全扣合；将滤盒上的标记和面具上的标记对齐，然后将滤盒推入面具内的卡槽，再顺时针转动 45°。

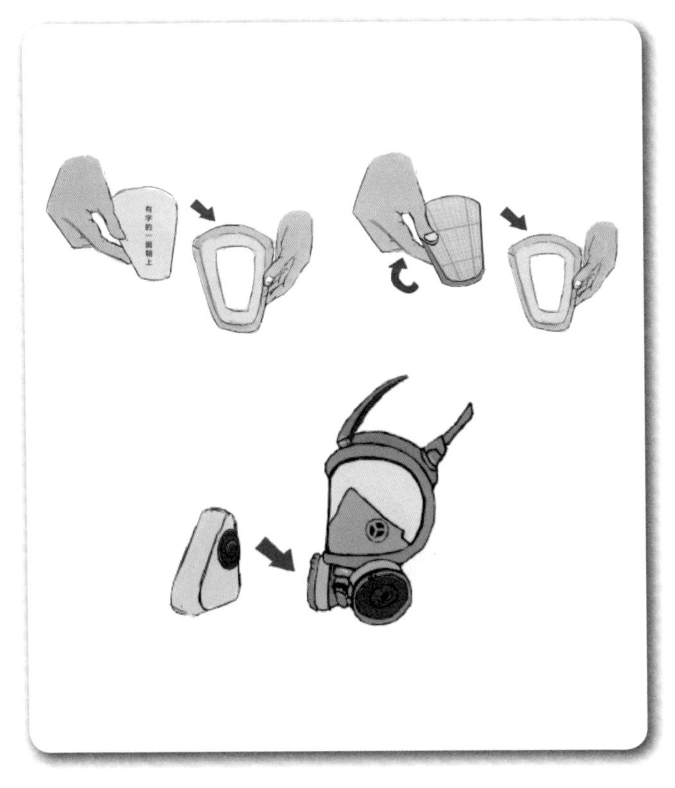

2. 清洗与维护

（1）使用肥皂水或者中性的洗涤溶剂进行清洗，切勿使用有机或腐蚀性的溶剂。

（2）在清水中彻底漂洗面罩，特别注意将呼气阀上的肥皂液全部清洗掉，以免造成腐蚀。

（3）条件允许的话，可直接用自来水对呼气阀进行反复冲洗。

（4）自行晾干面罩，或者用非棉绒布擦干；可用小于40℃的热空气加速干燥。切勿用烘箱烘干，以免造成橡胶器件老化。

5 典型事故案例

1. 受限空间窒息事故

事故经过：

上海某公司承包商员工张某到达裂解气压缩机三段排出罐进行检查时，发现罐内有一块警示牌，在进入罐内取出警示牌时，发生意外晕倒；员工于某发现后进入罐内，同样晕倒。20 分钟后，两名人员相继被救出，经抢救无效死亡。

事故原因：

罐内空间处于低氧含量状态，作业人员未佩戴正压式空气呼吸器，进入罐内后窒息以致死亡。

压缩机
排出罐
受限空间
警示牌在里面
我进去取出来!
危险
受限
空间
安全第一!
拿上赶
快出来!
压缩机
排出罐
糟糕!
他晕倒了
我进去把
他拽出来!
快进快出
我从外面
接应你!
压缩机
排出罐
坏了
全掉进去了
快请求
支援!

2. 硫化氢中毒事故

事故经过：

漳州市龙文区某公司进行下水道清理作业，两名作业人员未佩戴空气呼吸器就进入受限空间作业，导致一名工人中毒死亡，另一名工人经抢救脱离生命危险。

事故原因：

下水道污水中的有机物会分解产生硫化氢、一氧化碳和沼气等有毒有害气体，易导致中毒事故，作业人员实施作业时未采取检测有毒有害气体、通风、佩戴正压式空气呼吸器等措施。

背上空呼
再下去吧!
麻烦,
一会儿!!
就来了
H_2S

H_2S
下去了
还想再上来!?

3. 二氧化硫中毒事故

事故经过：

南京某化学纤维厂原液车间在停车检修时，2 名人员进入黄化罐除锈，不久两人感到头昏眼花、浑身无力，急忙呼救，附近的 2 名人员先后下罐救人，也瘫倒在罐内，消防人员戴上空气呼吸器将 4 人送至医院，经诊断为二氧化硫中毒。

事故原因：

作业人员涂刷的除锈剂 MD82，与黏胶皮内存在的纤维素黄酸酯发生化学反应，生成二氧化硫。作业人员进入受限空间前，未进行气体检测，未佩戴正压式空气呼吸器，造成二氧化硫中毒。

检修
咱们进去除锈
MD82
救命！

怎么中毒了！
除锈剂，与纤维素黄酸酯发生化学反应，生成二氧化硫。

第二部分

眼面部防护

1 危害因素

在石油石化行业，眼面部的典型伤害种类较多，主要有以下五类：外来物体的机械伤害（固体颗粒、尖锐物体）；化学物质的伤害（酸性、碱性、腐蚀性物质）；高温（焊接）伤害；有害电磁波（可见光、紫外线、红外线等）伤害；微波、激光伤害。见图 2-1。

图 2–1　对眼面部的典型伤害

眼面部伤害主要存在于油田企业中的采油采气工、集输工、作业工、钻井工；炼化企业中的炼油操作工，化工操作工；销售企业中的 LNG 站操作工；工程建设企业中的电（气）焊工、车工等众多岗位中。

眼部伤害的后果非常严重，可引起眼部溃疡、感染和白内障，眼球破裂甚至永久失明。见图 2–2。

图 2–2　眼部伤害后的后果

2 眼面部防护用品的分类与选择

1. 选择眼面部防护产品的基本原则（表 2–1）

表 2–1　眼面部防护产品的选用原则

功能	产品选择要求
光学性能	优良的透光率、屈光度、棱镜度等；达到光学要求，如过滤紫外线、抵御强光、焊接等
物理性能	抗冲击性能，防高速粒子冲击性能
化学防护	耐腐蚀性能
涂层	防雾涂层，防刮擦涂层
佩戴舒适	贴合脸部，对鼻子、耳部或鬓角的负担较小

2. 眼面部防护用品的分类

主要分三类，分别是防护眼镜、防护眼罩、面罩。见表 2-2。

表 2-2　眼面部防护用品的分类及使用范围

分类		定义	适用范围
防护眼镜		镜架内装有镜片的眼护具	（1）低能量冲击（45m/s）； （2）有害射线（紫外线、红外线）
防护眼罩		在头戴框架内装有单片或双片镜片的眼护具	（1）中等能量冲击（120m/s）； （2）粉尘、细小颗粒或有害化学物（液体、喷雾、气体）熔融金属和热固体； （3）有害射线（紫外线、红外线）
面罩		遮盖整个或部分面部的眼护具	（1）中等能量冲击（120m/s）或者爆炸或者固体所致高能量冲击（190m/s）； （2）溅射（液体、融化的金属）可能引起的面部伤害； （3）有害射线（紫外线、红外线）

3

眼面部防护用品的佩戴与使用

★ 如何佩戴和使用眼面部防护用品?

眼面部防护产品的佩戴与使用十分简便，防护眼镜与普通眼镜一样佩戴。

护目镜种类很多，比较典型的是带一根紧固带的护目镜，调节好带子松紧和镜面位置戴上即可。

可根据作业场所的危害因素选择佩戴防护眼镜、防护眼罩或面罩。

4 眼面部防护用品的维护与保养

（1）使用专用眼镜擦拭纸擦拭。

（2）如有油渍污渍可用中性洗涤剂清洗，再用清水冲洗干净后，用柔软擦拭布（或纸巾）擦干。

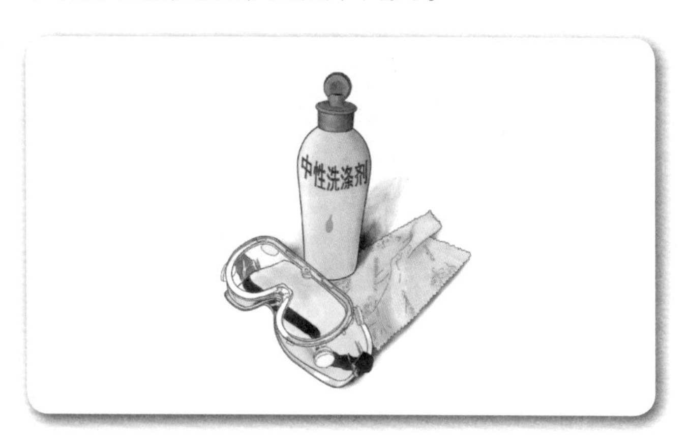

（3）使用专用镜片清洁剂清洁。

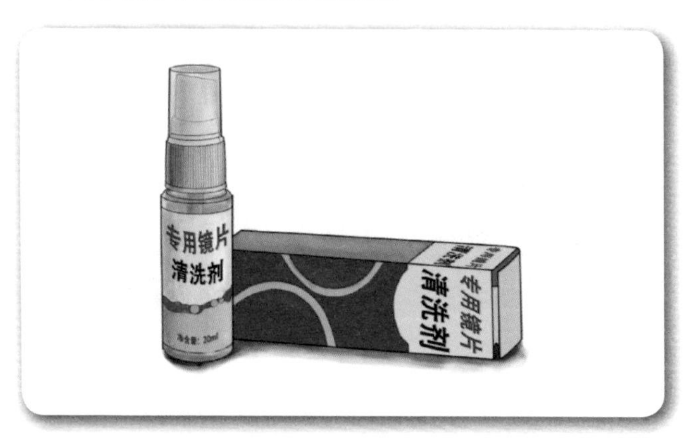

（4）眼镜用完后，放回眼镜盒中；眼镜盒应保持洁净。

（5）镜片刮花的产品需要及时更换，以免影响视力和操作。

5
眼面部紧急护理方法

当现场作业者的面部、眼睛接触有毒有害物质或者具有其他腐蚀性化学物质的时候，可以使用洗眼液、便携式洗眼器、管道式洗眼器对眼面部进行冲淋，避免化学物质对人体造成进一步伤害。

1. 洗眼液

使用时，首先打开瓶身的密封旋盖，以手指挤压瓶身，使用者须抬高头部，以洗眼液对准使用者的眼部或面部。

2. 便携式洗眼器

（1）洗眼器需提前加水、充气。

加水：将手柄先向下按到底，再逆时针方向旋转，旋下充气筒，在容器内加水至合适范围值处，加水完毕后，再将充气筒装上。

充气：旋转充气筒手柄将其从充气筒定位槽拉出，推拉手柄开始充气，至排气阀自动放气时停止，充气完毕后，将手柄旋入充气筒定位槽固定。

（2）需要冲洗时，拉下推钮即出水。

（3）冲洗完毕后上推推钮即关闭。

3. 固定式洗眼器

（1）调整头部高度，使水流能够同时冲洗到双眼。

（2）将眼睛对准喷头。

（3）拉开洗眼喷头防尘盖，喷头自动出水。

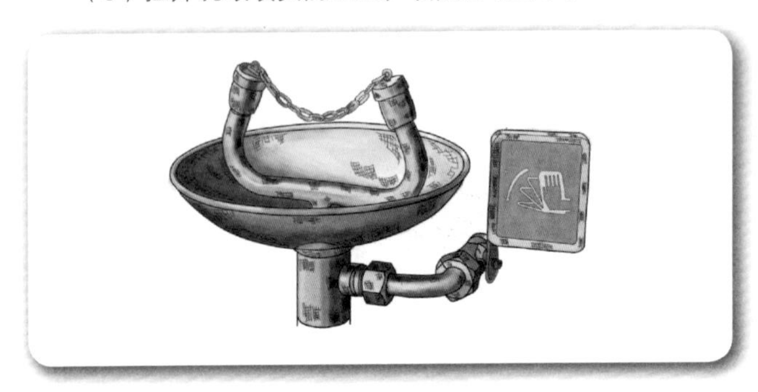

4. 喷淋式洗眼器使用步骤

（1）用手轻推洗眼开关，洗眼水自动喷出；使用结束后关闭洗眼器开关，并将防尘罩复位；

（2）或用手轻拉喷淋阀门拉杆，喷淋水自动喷出，使用完后将喷淋阀门拉杆复位。

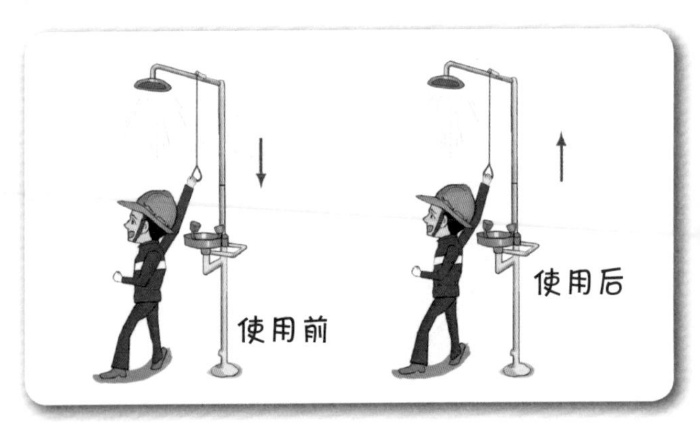

5. 洗眼器的维护与保养

（1）一般情况下，洗眼液未开封的情况下保质期为36个月，开封即抛弃。

（2）便携式洗眼器设备应每周进行一次检查。检查内容：水流是否正常；储液桶的水是否足够使用；储液桶和支架连结的管子是否有损坏，若表面发生破裂或损坏，应立即进行维修更换；储液桶是否有杂质。

（3）便携式洗眼器设备每6个月应清洁水槽，使用纯净水最长不超过90天。

（4）对于手动式排空喷淋式洗眼器，使用完成后要放空，防止管道内的水结冰而影响使用。

（5）对于防冻式的洗眼器，至少每周检查一次，同时查看出水是否正常。

6 典型事故案例

1. 电焊受伤事故

事故经过：

某机械加工厂焊接工人林某在车间内从事焊接作业时，未佩戴防护面罩，焊接过程喷出的火星飞溅严重，溅落在林某右眼内，在医院手术治疗后，其右眼视力由 0.8 降至 0.3。

事故原因：

焊接作业时未佩戴防护面罩。

防护面罩!!
麻烦!!
一下就好
让你不听!
哎呀!!
眼睛真疼

2. 佩戴防护眼镜未受伤害

事件经过：

某工厂工人使用砂轮机切割时，砂轮片突然爆裂飞出，该工人佩戴了安全防护眼镜，砂轮碎片飞出后，被眼镜阻挡住，该工人的眼睛并未受损。

哇!!
幸亏戴安全
防护眼镜了!

3. 浓硫酸喷溅事故

事故经过：

某热水电厂水处理车间准备用盐酸处理阳离子树脂，作业人员穿着泡沫拖鞋和不防酸碱的衣服，误将一罐浓硫酸搬来，在盲目采取稀释措施时，让水流入浓硫酸罐，引起浓硫酸猛烈爆炸喷溅到作业人员面部、身上，造成面部、胸部、手臂及腿部严重烧伤。

事故原因：

作业人员违反操作规程，在物品不明确的情况下，盲目操作，且作业过程中未穿戴合适的劳动防护用品。

怎么不穿防硫酸的衣服和鞋？！
忘了。没事，咱们先注水稀释吧。
有水渗进去了！

浓硫酸遇水爆炸？
BOOM!

第三部分

听力防护

1

危害因素

在石油石化行业，噪声源主要有机电设备运转、钻采设备运转、炸药爆炸、车辆运行等。主要存在于油田企业中的钻井工、爆炸工、井下作业工、泵工；炼化企业中的炼油操作工、化工操作工、机泵工；销售企业中的 LNG 站操作工；工程建设企业中的等离子切割工、机械操作工等众多岗位中。见图 3-1。

图 3-1

噪声性听力损失是全球最普遍的永久性工伤，无法治愈。耳蜗上分布着听毛细胞，是我们听到声音的重要器官，而一个成年人耳蜗上听毛细胞的个数是有限的，并且不可再生。有证据显示，长时间连续（如 8 小时以上）处于 85dB 以上的噪声环境中，听毛细胞会遭受损坏，且不可复原，无法治愈！正常耳蜗和受损耳蜗对比情况见表 3-1。

噪声性听力损失还会严重影响患者与他人的沟通，导致高血压、心脏病、记忆力衰退、注意力不集中及其他精神综合症。

表 3-1　正常耳蜗和受损坏耳蜗对比情况一览

耳蜗模样			
年龄	17 岁女孩	76 岁的老人（男）	59 岁老人（男）
噪声量	低噪声暴露量	低噪声暴露量	高噪声暴露量
耳蜗毛细胞状况	正常的耳蜗毛细胞完好无损	毛细胞减少但未受损	耳蜗受损毛细胞遭破坏

2

听力防护用品的分类与选择

听力防护的基本要求:《工业企业职工听力保护规范》(卫法监发〔1999〕第620号)规定:凡有职工每工作日8小时暴露于等效声级≥85dB,应当配备具有足够声衰减值、佩戴舒适的护耳器。

1. 听力防护用品的分类

听力防护用品主要分为耳塞和耳罩两大类别。见表 3–2。

表 3–2 听力防护用品的分类

<table>
<tr><th colspan="2">名称</th><th>图例</th><th>优点</th><th>缺点</th></tr>
<tr><td rowspan="2">耳塞</td><td>发泡耳塞
（不可水洗）</td><td></td><td rowspan="2">容易携带存放
舒适
便宜</td><td rowspan="2">颚骨运动时可能移动
耳道患有感染性疾病时不适用</td></tr>
<tr><td>预成型耳塞
（可水洗）</td><td></td></tr>
<tr><td rowspan="2">耳罩</td><td>防护耳罩</td><td></td><td>防噪声效果较好</td><td rowspan="2">体积大，重
昂贵
妨碍其他护具同时使用，例如眼镜</td></tr>
<tr><td>通讯耳罩</td><td></td><td>防噪声效果较好，主动降噪，设有平衡器、均衡器，可调节外部输入音量和外部输入模式等功能</td></tr>
</table>

2. 听力防护用品的选择

（1）根据环境、人员要求选择护听器（表 3–3）

表 3–3　听力防护产品的选择方法

项目	种类	发泡耳塞	可重复使用耳塞	箍带式耳塞	耳罩
环境/人员要求	需要长时间佩戴	√	√	×	×
	需要频繁佩戴和摘取	×	×	√	√
	液体喷溅的场合或比较脏的环境	×	×	×	√
	耳道患有疾病的员工	×	×	√	√
	参观者	×	×	√	×

注：√——该听力防护设备适用于对应的环境；
　　×——该听力防护设备不适用于对应的环境。

（2）根据作业场所噪声值选择护听器

按照 GB/T 23466《护听器的选择指南》，护听器的保护水平 L'_{AX} 应保持在 75~85dB，根据计算得到护听器的 SNR_x 需求值，SNR_x 需求值 $=L_C-L'_{AX}$，选择 SNR_x 值在 SNR_x 需求值 ±5dB 条件的护听器。注：L_C 为作业场所 C 计权声压级。

3 听力防护用品的佩戴与使用

1. 耳塞产品的佩戴及检测方法

（1）发泡耳塞的佩戴方法

用手将耳塞捏细，另一只手将耳朵上部提起，然后将捏细的耳塞塞入耳道。

（2）发泡耳塞佩戴的检测方法 1——目视检测

耳塞末端不会超出耳屏（耳道口的突起部位）。

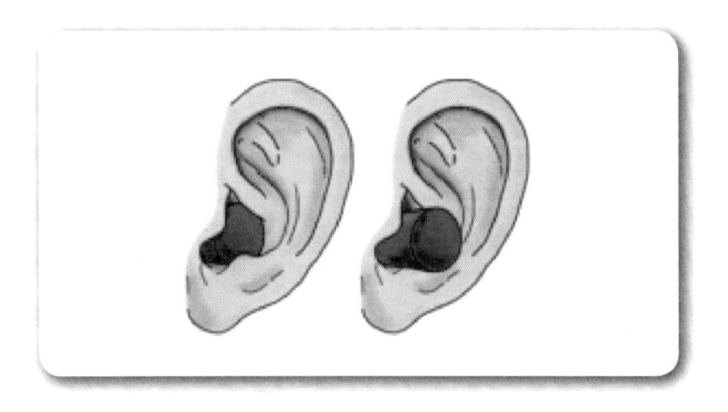

（3）发泡耳塞佩戴的检测方法 2——声学检测

双手罩住耳朵，然后松手，若佩戴正确，耳塞能消除大部分的噪声，您所听到的噪声差别是非常小的。

（4）预成型耳塞的佩戴方法

佩戴预成型耳塞也必须用手拉直耳道，插入耳塞前不需要揉搓，直接将耳塞插入耳道。

（5）预成型耳塞的检测方法

同发泡式耳塞的检测方法。

2. 耳罩的佩戴方法

（1）头戴式耳罩的佩戴方法

应尽量调节耳罩杯在头带、颈带上的位置，使两耳位于罩杯中心，并完全覆盖耳廓。

头带应垂直安放在头顶位置；另外，头发、胡须、耳饰等都可能影响耳罩的密封，应尽量将头发移到合适的位置，如耳饰影响密封时，应摘下耳饰，以保证耳罩垫圈的密封。

（2）挂安全帽式耳罩的佩戴方法

带好安全帽，将耳罩上的插件对准安全帽上的插槽插入，将两边金属带向内推进，直到两边都发出“咔”的声音，确认无论是耳罩杯还是金属带都没有压在安全帽的内衬上边上。

4

听力防护用品的维护与保养

（1）对于发泡耳塞，发现脏污、破损或变形时，应立即更换。

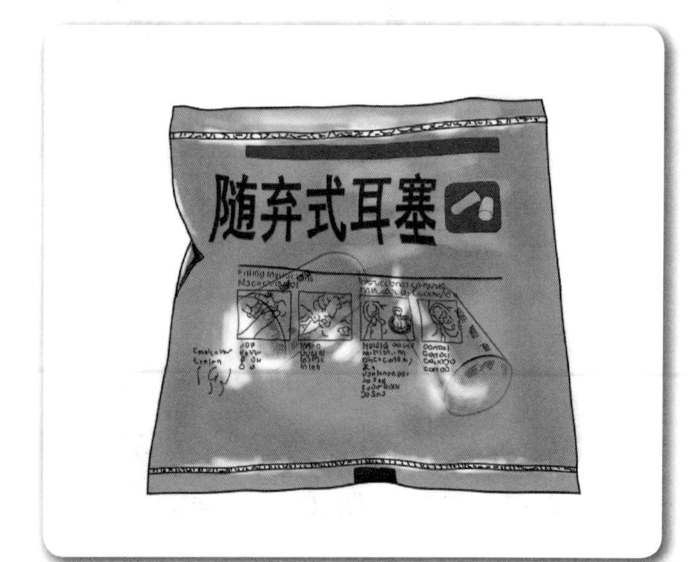

（2）对预成型的耳塞，建议每次使用后用温和的肥皂水清洗，并彻底干燥。

（3）检查预成型耳塞，如出现污渍、裂纹或变硬等状况，应立即更换。

（4）预成型耳塞须定期清洁并替换耳塞头。

（5）耳罩需定期用温和的肥皂水清洗罩杯垫和头带。

（6）正常使用情况下，每隔半年到一年更换罩杯垫和发泡塞，若频繁使用，或在潮湿/恶劣的环境下使用，应提高更换频率。

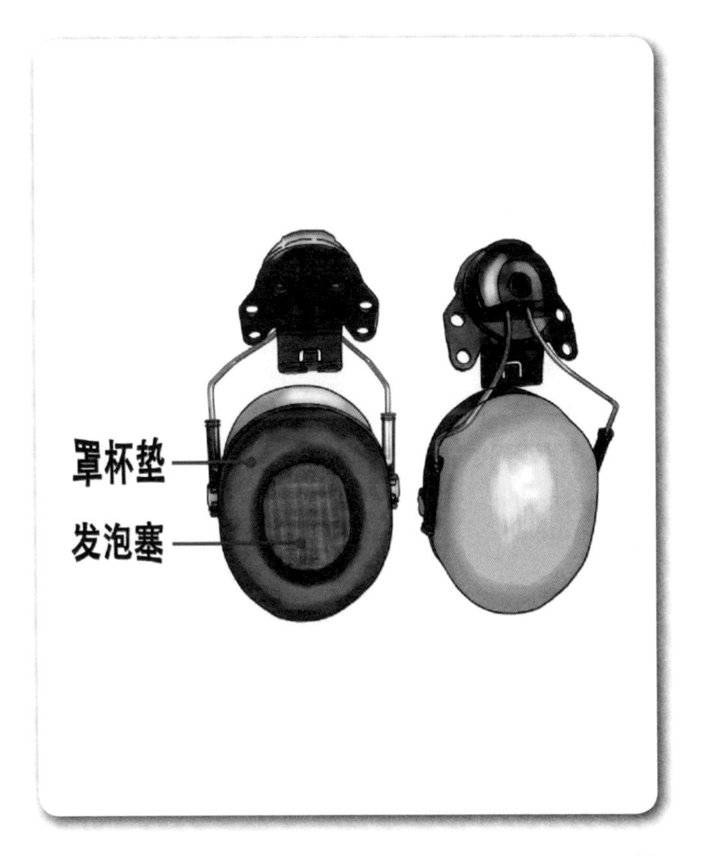

5

典型事故案例

1. 未戴护听器造成的职业危害事件

事件经过：

山东省政府联合执法组对青岛某外资化工企业进行现场安全检查，发现很多在噪声环境下的工人并未佩戴耳塞等防护设备，如泵房，噪声在 85dB 以上的噪声作业场所。根据此前的体检报告显示，14 名接触噪声作业的工人（该公司共有员工 100 多名）检出听力受损。

事故原因：

在高于 85dB 的作业场所中未佩戴耳塞或耳罩等听力防护用品，造成工人听力受损。

2. 未正确佩戴护听器造成的事故

事故经过:

某石油化工企业，一位巡查进料机、涡轮机、冷却机、搅拌机等设备的巡查工人，其所处环境的平均噪声值为 93.7~104.2dB，每天暴露时间为 2~4 小时，作业过程中佩戴了耳塞，但佩戴后效果不好，导致该工人低音频轻度耳聋，高音频重度耳聋。

事故原因：

在噪声环境下佩戴了听力防护用品，但佩戴方法有误，没有达到防护效果，导致听力受损。